春を告げる魚を追って

春先が旬の鰆《さわら》は文字通り「春」を告げる「魚」として食卓を彩ってきた。下関市の北浦沿岸海域では冬から春にかけたこの時期、サワラ漁が最盛期を迎えている。食欲旺盛でどう猛なサワラが、産卵のために群れでエサを求めて玄界灘《げんかいなだ》や響灘《ひびきなだ》の一帯にあらわれる。大きいものになると体長一メートル以上、八キログラムにも及ぶ。この北浦《きたうら》沿岸で釣り上げられて唐戸《からと》市場に集まってくるサワラのなかでも、市場や仲買人からひときわ高い評価を受けているのが角島《つのしま》漁協の漁師たちがとってくるサワラだ。漁協が共同出荷していることでまとまった量が市場に出荷されるため、仲買業者にとって安心して数が確保でき、買い付けの際に取引交渉しやすいこともあるが、なにより高水準の鮮度・品質管理を徹底していることが大きな信頼を獲得している。そこにはいったいどんな秘訣があるのか、角島漁協の関係者や漁師たちに密着してみた。

まだ寒波が襲ってくるような二月のある朝、真っ暗な漁港に軽トラに乗った漁師たちが続々とやってきた。ポツポツと船に灯りがともり、アイドリングのエンジン音が鳴りはじめる。一日のはじまりだ。今回同行取材させてもらったのは、この島でだれもが口を揃えて名前を挙げる一番漁（水揚げ量が一番多い漁師）の村上光宏さん、恵三さん兄弟が乗る「浩和丸」だ。午前五時半、二人はそれぞれ軽トラに乗ってやってきた。弁当と飲み物を船に積み込むと、すぐさまエンジン音を響かせて港から出航した。目指すは角島から船で一時間ほどかかる蓋井島《ふたおいじま》と吉母《よしも》・毘沙《びしゃ》ノ鼻《はな》との中間地点の漁場だ。

船はスピードを上げて激しく揺れ、波を乗り越えて漁場へと突き進んでいく。まだ真っ暗な周囲の海面には、同じように角島港から飛び出した仲間の漁船の灯りが見える。船内には、漁場へ向かう他の漁師たちの「おはようございます」という声やたわいもない会話、笑い声が無線越しに聞こえてくる。操業を前にした束の間の戯《たわむ》れのようだ。

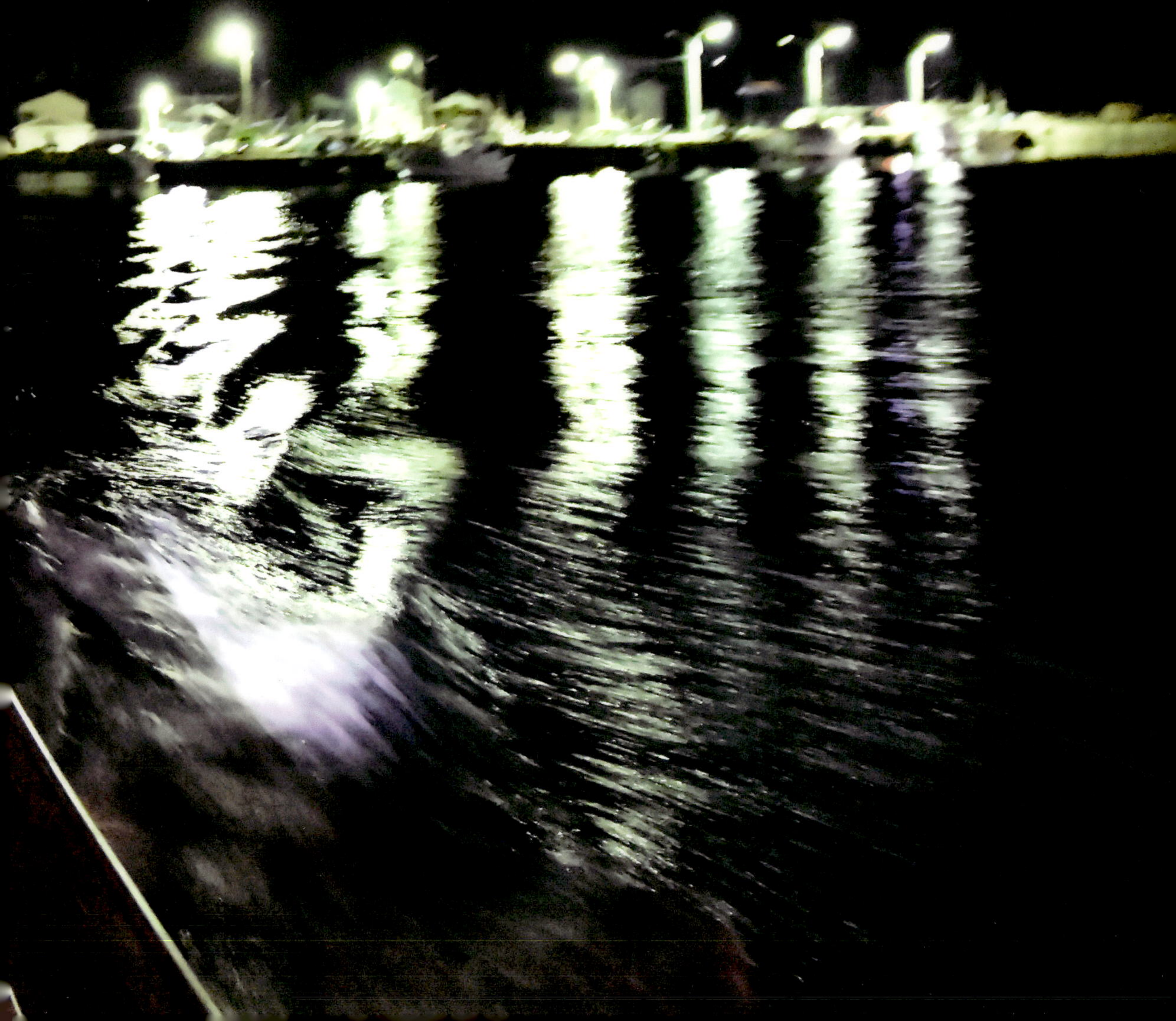

これだけ朝早くから漁に出かけるのには理由がある。魚はだいたい日の出と日没の時間帯を前後して活性が上がり、食いが良くなる。朝マヅメ、夕マヅメとも呼ばれるこの時合《じあ》いを逃すわけにはいかないのだ。

空がうっすらと白んできた午前七時前、漁場に到着した。すでに四〇隻近い数の漁船が一帯に集結している。北浦や遠くは北九州からも漁船がやってくる穴場だ。この海域の海底は砂地ではなく岩場の多い瀬になっており、水深は四〇《メートル》ほど。この瀬にエサを食いに来るサワラを狙う。漁師たちが採用しているのは「引き縄釣り」という漁法で、船から垂らした縄に仕掛けを結びつけて海中へ流し、サワラの群れめがけて誘いをかける漁だ。「一本釣り」とも呼ばれている。

サワラが泳いでいそうな棚（深さ）を予測し、早速仕掛けを流す。初めは水深三〇《メートル》あたりの棚から狙った。船にくくりつけた縄の先にビシ（おもり）が等間隔に付いた釣り糸を装着し、一〇《センチ》ほどのプラスチックに針が付いた疑似餌《ぎじえ》を流す。疑似餌の手前には潜行板という板が付いており、船をゆっくり走らせると潜行板が水の抵抗を受けて海中で左右に振れる動きをする。この揺れに連動した疑似餌の動きが、サワラの食い気を誘う仕組みだ。

光宏さん（左）と恵三さん（右）

これまで漁船で通った場所はすべて、操舵室のモニターの地図上に表示される。釣れそうな場所を船で仕掛けを曳《ひ》きながら通過し、Uターンしてまた通って来た航路を引き返す。延延とこの動きをくり返しながら漁をおこなう。同じ海域で操業する漁船はみな潜行板の仕掛けを使っていることから、海上を行ったり来たりしながら、船が列のように並んで漁をする。

漁を始めて間もなく、「食った！」と恵三さんの声がした。この日最初のサワラが仕掛けに食いついたのだ。低速で曳いていた船を止め、機械で糸を巻き上げていく。操舵室で船を操縦していた光宏さんが船尾でタモ（網）を持って待ち構える。機械での巻き上げから最後は手で糸をたぐり寄せると、海面に姿をあらわしたサワラをタモですくって船へと引き上げた。

サワラには鋭い歯があるため、エラ部分をつかんで口から針を外す。釣ったサワラは甲板へ置いたまま、再び船を進めながら即座に仕掛けを海へ投入する。この時間、立て続けに八本ほどのサワラが上がり、なかには五キロ以上の大きなものも釣れた。あたりが連発しはじめるとチャンスを逃すわけにはいかないのだ。仕掛けを流し終わり魚の食い気が落ち着くと、先ほど釣ったサワラを締めにかかった。

市場でサワラが評価される場合、まず「型」が重要になる。大きさもさることながら、腹から背中にかけての幅（背丈）が広く、太っているものが好まれる。サワラの大きさや太さに関しては人の手ではどうすることもできない。魚の型以外の部分で市場での評価を勝ちとるには、魚の鮮度や品質を落とすことなく出荷できるかどうかにかかっている。これは船上での魚体処理の出来、不出来によって大きな違いが出る。

ブリやタイなど「釣り」でとる魚は漁場から活かして持ち帰り、水槽に泳いでいる魚を「活魚」として競りにかけることで、より高値にすることが可能だ。しかしサワラは釣り上げてから弱るのが早く、すぐに死んでしまうため活かして持ち帰ることができない。従って、釣り上げて即座に締めることが肝になる。

漁船の上でサワラを締めるのは恵三さんの役割のようだ。先ほど釣り上げたサワラの尾をつかみ、大きな手鉤《てかぎ》（木の柄に鉄の鉤《かぎ》が付いた道具）でサワラの頭を殴って動きを一瞬止める。そこでサワラの頭（脳）へ鉤を打ち込んで即殺する。エラの奥にある心臓部分にめがけて引っ掻《か》くように鉤を入れ、血抜きをさせながら冷やすために氷水に浸けておく。ほんの数秒の早業だ。

魚の身を新鮮に保つため、タイやブリ、アジなど最近は神経締めをするケースも増えているが、サワラの場合は神経締めはしない。弱りが早く身も悪くなりやすいこの魚は、「余計」な処理は施さずに手早く処理を済ますのが絶対条件だという。あまり手をかけすぎると逆に身に与えるダメージが大きくなり、三枚に下ろしたときに「身割れ」をおこす。こうなれば刺身などでは使い物にならない。

手早い処理が必要となる理由は、身の品質を保つためだけではなく、表面の「色」にも関係があるようだ。サワラを魚屋や市場で見るときは、黒い背中に銀色の腹をしているが、釣り上げられた直後の背中は濃い緑色をしている。体全体にヒョウ柄のような模様がある。表面はぬめりが強く、キラキラと光を反射している。この色は、市場では「鉛色」といわれている。風に当たったり空気に触れる時間が長くなればなるほど色が抜けていき、表面の艶《つや》もなくなっていく。そのため「鉛色」は、魚体処理が手早くおこなわれ、品質が保たれている証なのだという。目利《めき》きをする際のポイントでもある。

釣り上げ、締めて氷水に浸けたサワラは、漁のきりがいい合間を見計らって引き上げる。発泡スチロールの箱に並べたサワラの上に「パーチ」というナイロンのシートを敷く。このシートを敷くことで氷がサワラの身に直接当たって身が焼けるのを防ぐとともに、皮の表面を空気に触れさせずに色味を保つ役割を果たしている。最後にその上から氷をかけて、サワラが入った箱を船底に収納していく。漁船の上では、手早く即殺して血抜きをおこない、氷をたっぷり使って冷やすことを重視していた。

市場の仲買人は、競《せ》りの前に並べて寝かせてあるサワラの頭を手鉤で小さく持ち上げる。これは、サワラが死後硬直しているかどうかを見極める作業だ。持ち上げたサワラがしなることなく体全体が棒のように一直線に持ち上がれば、よく氷を使ってがっちりと身が固まり、良い処理がされている証だ。手鉤で持ち上げてグニャッとしなったサワラが、仮に夕方に締めた直後で死後硬直が始まっていない新鮮な「ビタ」の状態であったとしても、良い値が付かないこともある。仲買業者はがっちりと死後硬直しているサワラへの強いこだわりを持っているようだ。

「入れ食い」といっても過言ではないほど好調だった早朝の漁から一変して、昼間の漁はあたりがパッタリと止んだ。操業を開始して間もないとき、光宏さんが「この漁は待つ時間が長くて暇だから…」といっていたが、その意味が分かった。

角島漁業協同組合
角
山口県下関市豊北町角島

操舵室の魚群探知機にはサワラの反応がまったくない。同じ場所を、船で仕掛けを曳きながら行ったり来たりくり返すが反応はなし。糸を少し巻き上げたり送り出したりして、海中で仕掛けが通過する棚を変えたりもしたが、なかなかうまくはいかない。仲間同士の無線の情報を聞いてみても、釣れない時間帯はどの船もだいたい釣れていない。こういう時間帯は仲間同士で「どっちが先に釣るか勝負しようか」などと無線で励ましあったり、発破《はっぱ》をかけあいながら漁を続けていた。仲間が釣っているのを聞いて奮起したり、逆に励ましたり海の上での関係性が少し垣間《かいま》見えた。

しばらくして、光宏さんが「気分転換に」といって仕掛けを変えることにした。海中で動きを出すためにとり付けてある潜行板の種類を変えた。するとすぐさまサワラが食いつき、予想的中の一本を釣り上げた。

潜行板も板の形によって動き方が変わる。潮の流れ、仕掛けを曳く船のスピード、ビシの間隔や重さなど、全ての要素がうまくかみあい、狙った棚に仕掛けを通し、なおかつその日のサワラの活性や何をエサにしているのかを見極めて疑似餌を選び、初めてサワラが食いつく可能性が高まる。食いが悪い日は、とくにその微妙な差で釣果《ちょうか》に違いが生まれるという。海の状況やその日の魚の気分を想

像しながら、人間が自然や魚の都合に合わせていく作業の連続だ。うまく読みが的中したら釣れるが、そうでない場合は相手にされない。魚との根比べ、知恵比べのような世界にも思えた。長年の経験に裏付けされた感覚をもとに自然に働きかけるほかないのだ。

釣れない時間帯にみなが頭を悩ませている間、村上さん兄弟の父親・和弘さんの船の無線からは何度か「食った」という情報が入ってきていた。同じ仕掛け、同じ場所で曳いていても釣果の違いを生み出す何かがある。操舵室で船頭を担う光宏さんも何度か「弱ったなぁ」「海のことはわからん」と頭を悩ませながらの漁が続いた。

潜行板を変えて一匹釣れたが、またしばらくあたりは止まった。そこでまた仕掛けを引き上げ、今度は潜行板の海中での動きを抑えることにした。あまり激しく仕掛けが動いても、魚の活性に合わなければ興味を示さなくなるのだという。

仕掛けを投入すると、すぐにあたりがあった。しかし食いつかない。「当て逃げ」と呼んでいた。だが、あたりがあるということはサワラが興味を示している証拠で、期待感が高まる。程なくして仕掛けにサワラが食いついた。この策が功を奏し、立て続けに三本を釣り上げた。

GYOSEN

ACTIVE

食いが悪い停滞期に、操舵室で無線の情報や海の様子などを考慮しつつ打開策を考え出し、何度も的中させていく。また、考え抜いた挙げ句出した答えで釣果が出ても、その後釣れなくなれば一つの策に執着せずにあっさりと打ち切って、次の新しい手を打って釣果につなげていく。次から次へと頭を切り替えて、魚が釣れる〝正解〟に向かって策を講じていく。

乗船取材する前、光宏さんは「釣れた場所なら他人には教えるが、仕掛けは身内でもなかなか聞くものではない。聞かれれば教えることもあるが、自分も聞きたくない。よく釣れる仕掛けを他人から聞いて、そのとき真似《まね》て釣れればそれでいいかもしれないが、教えてくれる人がいなくなり、一人になったときに他人から教えられた知識や技術しか残らないようでは、それから先困るのは自分だ。自分で考えて、覚えてつかむしかない」と話していた。

島のベテラン漁師も「釣れない時期はだれでもある。今でもサワラ漁に出て丸一日漁をやって二箱という漁師もいる。何がだめで釣れないのかが分からないなかで、何をやっても釣れないときがある。悔しいだろうし必死の思いで船に立って漁をしていると思う。だが、釣れない時期を経験し、苦労する時間が必要だ」と話していた。「若いときの苦労は買ってでもしろ」につながるものを感じた。

釣れない時間帯にどういう手を打つか。実際に光宏さんが打った手も「勘」に近いものだったのだろうと思う。しかし、それは潮の流れや仕掛けの特徴、釣れている他の船の傾向に、これまでの研究と経験を重ねあわせて導き出した答えであり、経験を通して頭の中の引き出しを増やし、現場の状況にあわせて応用していくことができるかどうかにかかっているのだと思えた。それらを反射神経のように駆使して釣果につなげていく。プロフェッショナルな仕事だ。

午後の漁は夕方まで渋い時間帯が続いたが、日没前の五時頃に状況は一変した。「鳥が突っ込んだ！」と恵三さんが声を上げた。海面を見てみると、少し離れた場所で海鳥が海面に向かって飛びこんでいく。表層に鳥のエサになる魚の群れが浮いてきている証拠だ。サワラがエサを求めて近くに来ている可能性も高い。急いで潜行板の仕掛けを巻き上げ、表層近くを狙うタコのようなゴムの疑似餌に針がついたものに切り替えた。この仕掛けは船にくくりつけて曳くのではなく、海に流して手でしゃくりながらサワラの食い気を誘う。恵三さんが右手、左手と仕掛けを持ち替えながら力強く仕掛けをしゃくっていく。

今年は不漁続きで、まとまって鳥の群れが海面に出たのはこの日が初めてなのだという。周囲の船も鳥の存在に気づいたのか、エンジン音があちこちで高鳴り、鳥の群れをめがけて一斉に動き出す。この変化に乗り遅れれば釣果は見込めない。どの船も仕掛けを変え、鳥の群れを追い始めた。緊迫感が高まり、船同士の間隔も狭まっていき、現場がにわかに慌ただしい雰囲気に包まれる。

新しい仕掛けに変えてすぐにあたりがあった。表層近くにサワラが浮いてきているのは間違いなさそうだ。その直後、サワラが新しい仕掛けに食いついた。糸をしゃくる恵三さんはサワラが食った瞬間に糸がたるまないよう一気にたぐり寄せる。手でサワラを船まで引き寄せ、タモで回収する。「仕掛けが先！」。光宏さんの声が飛ぶ。久しぶりに訪れた絶好の機会を逃すわけにはいかない。釣り上げたサワラよりも、仕掛けを即座に投入して次のサワラを釣り上げることが最優先だ。息つく暇もない。

そこから日が落ちるまでは入れ食い状態だった。鳥を追い、糸をしゃくっては巻き上げることのくり返しで、次から次にサワラが上がってくる。周囲を見ても海の上で止まっている船があちこちに見える。船を止め、仕掛けに食いついたサワラを引き上げているのだ。近くに止まっている別の船の漁師が、釣り上げたサワラを片手に持ち上げてこちらへ見せて合図している。みなが釣れ始め、昼間の停滞した時間が嘘のように活気がよみがえっている。無線からも「食った！」「無事、上がりました」という声が聞こえてくる。父親の和弘さんの仕掛けには、このとき同時に六本もサワラがかかっていたという。

日が沈んでまもなく、アタリもなくなってきてこの日の漁は終了となった。漁場から一直線にスピードを上げて角島港へ向かう。一日のうちでまとまってサワラが釣れたのは朝方と夕方で、耐える時間の方が長い漁だった。

港へ帰り着いたのは午後六時半頃。恵三さんと光宏さん兄弟の船で釣ったサワラと父親の和弘さんが釣ったサワラをサイズごとに発泡スチロール箱に並べ、「村上家」としてまとめて出荷する作業が始まる。港では光宏さんの奥さんと息子さんが氷などを準備して待機しており、次の日の漁に備えて氷を船に積み込む。家族の共同作業だ。

まず船の上に釣れたサワラを並べ、サイズを揃えて発泡スチロールの箱に並べていく。重さを量り、島の漁師それぞれに与えられた自分の番号と重さを箱に記し、サワラの上にパーチを敷いた後、たっぷりと氷をかけて軽トラに積み込んでいく。この日は二隻合わせて三〇箱。中には七キロ以上の超大物もあった。今年に入ってからこれだけ釣れたのは久しぶりだという。

箱に詰め終わったサワラは、すべて角島漁協が運営している集荷トラックに積み込む。漁協前の広場で待ち構えているトラックで漁協の販売職員が引き受け、荷台に積み上げていく。島の漁師は誰でも利用料を払って出荷業務を漁協に任せられるシステムになっている。共同出荷の強みだ。

集荷トラックへの積み込みが終わって、ようやく長い一日の仕事が終了だ。朝五時半から一日中漁をして、家に帰るのは夜七時半頃になった。また翌日も漁に出る。夕飯を食べてから風呂に入って寝るのだが、時には漁が終わってから仕掛けを準備したり、新しい仕掛けの研究をすることもある。

港の船の灯りも消え、島の漁師が引き揚げた頃、漁協の集荷トラックはこの日角島の漁師たちがとってきたサワラやその他少量のブリやタイなどの魚を乗せて島を出発し、競りがおこなわれる大和《やまと》町の唐戸市場を目指す。片道一時間以かけて運搬し、市場で荷卸しを担うのは漁協の販売職員だ。二人の職員が一日交替で毎日の出荷をおこなっている。

市場の競り場にトラックをつけ、魚の入った発泡スチロールの箱をフォークリフトに乗せてトラックから降ろし、競り場の端に積み上げていく。ただ闇雲《やみくも》に積み上げるのではなく、市場の職員が競り場に並べやすいよう

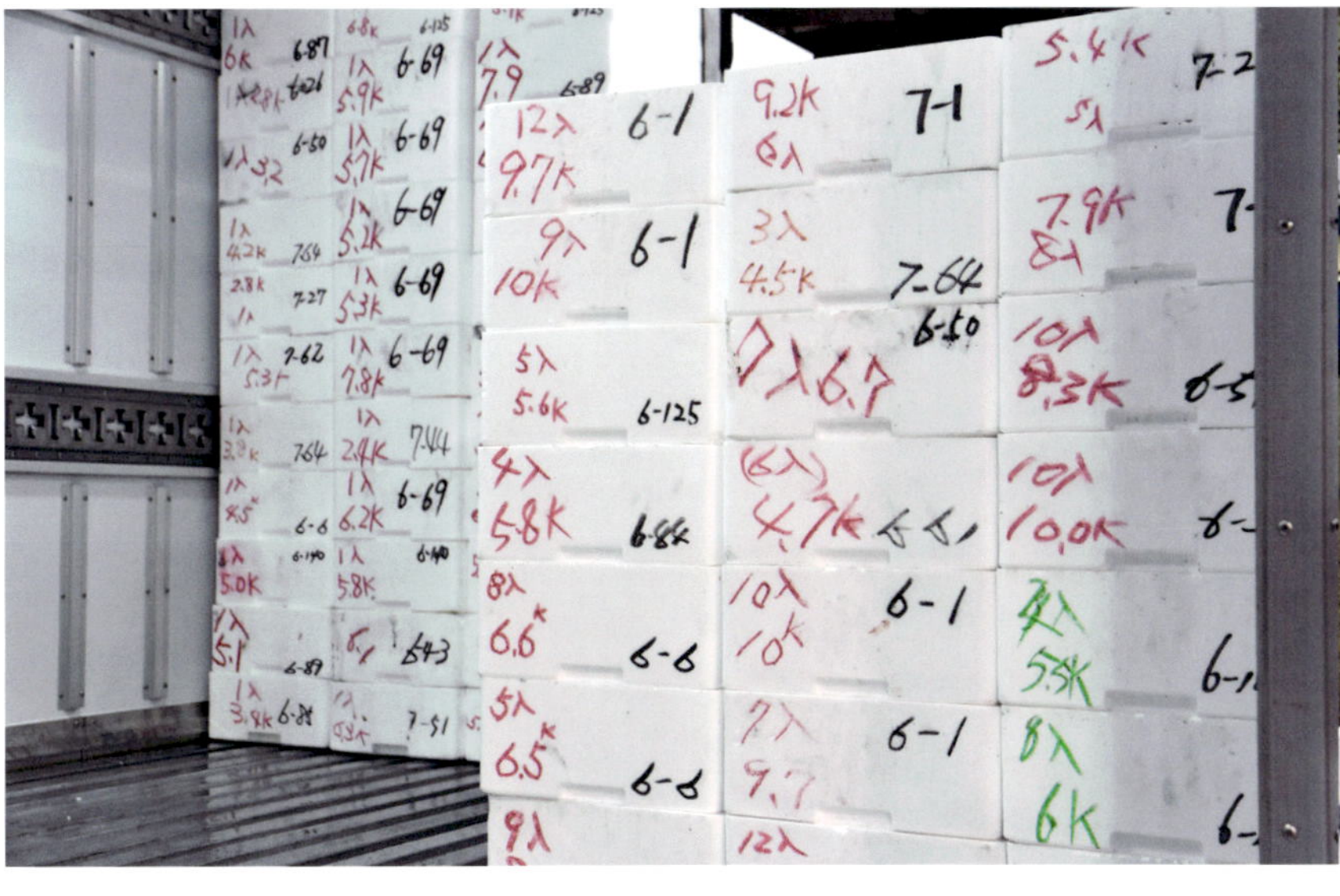

に、漁師が箱に記した重さの表示を見ながら、重さを揃えて積むようにしている。島で漁師からサワラを引き受けるときに重さを把握しながら積み込むことができれば、唐戸市場での荷卸しも手早くすませることができるようだ。

角島漁協による共同出荷トラックは、角島大橋が架かった平成一二年以後から運営している。橋が架かる前は「角漁丸」という運搬船を使って共同出荷していた。一日中漁をして、帰ってきてからは次の日の準備もして、出荷も漁師個人がバラバラにおこなうとなれば、休む時間も削られてしまう。そこで協同組合の力を発揮して、出荷から先はバトンを渡し、漁師たちは魚をとってくることに専念できるのが角島の強みだ。共同出荷のとりくみは、魚をみなで丁寧に扱ってまとめて市場へ出荷することで「角島」としての評価を上げる効果に加え、漁師の負担を軽減し、より海での勝負に集中できる環境をつくり出している。漁協関係者は「共同出荷をやめて漁師がそれぞれバラバラになってしまえば、組合としてもやっていけなくなる。〝協同の精神〟をなくしてはならない」と話していた。

密着取材でとくに印象的だったことは、角島では漁師同士がどこでどれだけ釣れたかなど教えあっていたことだ。自分で研究して編み出した仕掛けについて細かい部分までは教えないようだが、サワラ漁なら一緒に沖に出ている他の漁船に無線で釣れたことを教えるし、その日よく釣れた場所は翌日の漁でみなで狙いに行く。イワシの棒《ぼう》受《う》け網《あみ》漁でも、漁の初めは漁船がみなバラバラに沖へ出て釣れるポイントを探すが、どこかの漁船で群れに当たればみなに教え、散らばった漁船が一カ所に集まって漁をすることもある。「みなが釣れればその方がいい」と何人かの漁師が話していた。

また、漁の最中にサワラの群れにぶつかった場合、現場の数十隻の漁船が我先にと群れめがけて走行すれば危険をともなう。そこで、漁船が群れの手前で先着順に一列に並んで、一隻ずつ順番に群れの上を通過して釣ることもあるという。

自分一人が良ければいいというのではない。漁場で自分勝手に走行して漁をおこなえば、他の漁船とのトラブルの元にもなりかねない。みなが安心して漁をおこなえるようにルールを決め、漁協という組織の運営を第一に考える精神が根付いている。

「漁師は例え大漁のときでも、〝釣れたか？〟と問われたら〝スラだ（まったくダメだ）〟と答えるものだ」といくつかの浜で耳にしたことがあった。他の漁師たちに知れ渡って翌日ついてこられたり、漁場に先回りされるのを懸念した防衛本能なのだと――。魚をより多く釣る競争性をともなう生産形態だけに、もっとも早く漁場に着きたいという欲求から船の馬力競争に発展したり、あるいは魚群探知機やソナーをより高性能なものにと競争はつきものだ。他が釣れないことで自分の魚が高値をつける場合だってある。そのなかで共同の力を発揮して、みんなが良ければそれで良しを貫いているところに一番の魅力がある。みんなが魚の扱い方や品質管理を統一して角島ブランドを築き上げ、その信頼が魚価にも反映して、今度はみんなを支える力にもなるという好循環だ。漁協合併等によって、沿岸では漁師たちが個個バラバラな状態に置かれている浜も少なくない。協同組合の強みや相互扶助精神の真髄はここにあるのだと強く感じさせるものだった。漁師や組合員あっての協同組合であるかどうかが命運を分けている鍵なのだろう。

しかし角島とて、順風満帆《じゅんぷうまんぱん》に今日があるわけではなかった。サワラ漁が角島で盛んにおこなわれるようになったのはこの七～八年ほどだ。最近でこそ良いときはキログラム当り一五〇〇円もする魚になったが、島全体でサワラ漁を始めた頃はこれほど値段がする魚ではなかったという。

当時も共同で「角島」として釣った魚を唐戸市場へ出荷していたが、船の上での魚の処理、保存方法はみな自己流で、一般的な釣りの魚と同じように、釣ったサワラを船の活け間（水槽）に入れておくだけの漁師もいたという。角島として一緒に出荷するのに、状態が良いサワラもあれば悪いサワラもあるというのではダメだった。せっかく締めて冷やしたサワラがあっても、品質が不統一であれば全体の評価の底上げにはならない。唐戸市場から魚体処理の方法に対して改善の要望も上がっていた。そこで一本釣り組合に参加しているみんなで話しあい、二年目からは釣り上げたら即座に締め、しっかり氷を使って冷やすことなど現場での鮮度保持を徹底するよう一致して漁に出るようになった。

年配の漁師は「初めは氷など少ししか使っていなかったし、弱るのも身の傷みが早いこともあまり知らないまま漁をしていた。活け間の氷水に生きたまま浸けていて、そこで暴れてサワラの身も傷んでいたようだ。だが、若手の漁師を中心に釣った現場でしっかり処理をおこなうよう徹底することが呼びかけられた。良い処理を施せば、その努力が魚価に反映されることがわかり、今は氷をたっぷり使っても十分おつりが出るほどの値がするようになっている」と話していた。

角島漁協や漁師、出荷先である唐戸市場との連携も強い。漁協と唐戸市場の両者は年に一回、その年の反省も含めて市場での魚の売り方、鮮魚の扱い方、魚種によっての締め方の違いなどについて話しあいをおこなっている。「話しあうなら現場漁師の声を聞くのが一番」ということで、漁協の幹部だけではなく、バスを仕立てて漁師たちも話しあいに参加している。

漁協関係者は「市場側も丁寧に扱われた魚を〝これだけやったんだ〟と強気で自信を持って仲買に売れるし、こちらもサワラを丁寧に扱うよう努力して値が上がれば励みにもなり、いい加減な物は市場へ出せない。より気を配って研究するようになる。このとりくみのなかで信頼関係が生まれ、初めてまともな売買の形が成り立つ」「サワラはいわば魚の基本だ。手をかければそれだけ良い値で売れる。昔はとった魚をそのまま市場へ出して、その日の相場で〝今日は安かった〟〝高かった〟という世界だったが、今は違う。昔のように大量に魚がとれるわけでもない。そのなかで、いかに自分が努力して良い魚を市場へ出すかが重要になっている。また、漁師が頑張るだけではなく、市場の親身な対応も相まって、お互いに高めあっていくものにしていかないといけない」と話していた。

海で釣り上げた漁師から漁協、市場、仲買と人の手から人の手へと渡っていくなかで、現場で働く人たちの努力や試行錯誤のもとに、質の良いサワラが市場に流通しているのだ。

ところで角島のサワラはどんな味なのか。密着取材の最後に唐戸市場へ仕入れに向かった。売り場には発泡スチロールの箱に入ったサワラが積み上げられている。箱には、6―○○と数字が書かれてある。角島の漁師が釣ったサワラだ。そのなかから、市場で教えてもらった目利きで、腹から背にかけて幅があり、皮の表面が鉛色で模様もはっきりして艶があるサワラを選んだ。五キログラムで七五〇〇円。前日に釣ったものだが、まだ死後硬直していて新鮮だ。

捌いてみると身が緩くなっておらず「身割れ」もない。また、細長い体にして予想以上に多く身がとれる。三枚におろした身をバーナーで皮ごと焼いた「炙《あぶ》り」と、味噌・みりん・酒に漬け込んだ西京焼き、天ぷらにしてみた。サワラは冬場に一番脂が乗っており、バーナーで炙ると表面に脂が浮き出てプチプチと弾けている。刺身は適量のニンニクスライスや塩ともなかなか相性が良く、いろんな食べ方ができる上品な魚だ。角島の漁師曰《いわ》く、炙りや塩焼きにして食べるのが好きだという人が多かった。

漁業者ではない十数人の食いしん坊たちに声をかけて囲んだ試食会のなかで、みなの一番のお気に入りは揚げたての天ぷらだった。身がフワフワとしていて、青魚でありながら、白身魚のような淡泊な味わいでくせがない。こちらも塩でいける。日本酒があれば最高の肴《さかな》だ。肉厚の切り身にして、揚げ時間をほどほどにして中心部をレアにしてもいい。関西や関東方面に出荷される以上に、地元で楽しい旬の食文化として展開できないものか

等等、話題は尽きなかった。産地の一番の強みは美味《おい》しい魚を地元で楽しめることだ。サワラに限らず、地元で水揚げされる水産物の旬を知り、「これが美味しい」「あれが美味しい」とみんなで楽しむことができる。その魚をとってくる漁師たちはどんな仕事をしているのかを知り、海の恵みや生産者に感謝しつつ、郷土の食文化を豊かにしていくことが産業振興にとって欠かせない要素ではないかと思うのだった。

サワラの塩焼き

角島 2km

角島漁村センター

今回の密着取材ではサワラ漁を追った。角島といってもサワラだけを水揚げしているわけではなく、イカ釣りやイワシ棒受け網漁、沿岸の磯《いそ》見《み》など季節や人によってさまざまな漁業を営んでいる。良好な瀬として知られる汐巻の魅力など、まだまだ興味は尽きない。綺麗な海とＣＭに登場する橋が知られ、多くの観光客が訪れる角島だが、海水浴場を通り抜けて灯台へと続く道の反対側では、そのようにして漁業を生業《なりわい》とする人人の暮らしがあるのだ。

下関市豊北町角島
協同組合

福寿丸に乗って

本州最西端に位置する下関漁港はノドグロやアンコウの水揚げ量日本一を誇り、その他にもさまざまな魚種を築地をはじめとした大消費地の水産市場に送る供給基地として役割を果たしている。これらの魚を獲り、下関の水産業を過酷な海の現場で支えているのが「以《い》東《とう》底《そこ》引《び》き船団」だ。七組（一四隻）まで減ったとはいえ、市場の水揚げの主力を担い、仲卸や付属する関連産業にとって生命線ともいえる存在だ。二〇一六年一〇月下旬、野本水産さん（下関市伊崎町）にお願いして福寿丸に乗船させてもらい、誰がどのようにして魚を獲ってくるのか、日頃あまり知られることのない漁業生産の現場に密着した。

アナゴ

アマダイ

アンコウ

下関で水揚げをおこなっている以東底引き網漁船は現在七組（一四隻）。漁期は毎年八月一五日から五月一五日までの九カ月間だ。主な漁場は長崎県対馬の北側の海域で、船からは朝鮮半島が見え、高層ビルのような建物も薄っすら見えるほどの場所で漁をおこなっている。この漁場で狙う魚は「ノドグロ」

（アカムツ）だ。近年、テニスの錦織選手がインタビューで「ノドグロが食べたい」と発言したのをきっかけにして人気が高まり、一躍高級魚の仲間入りを果たした魚として知られる。白身でありながら旨味が詰まった脂がしっかりと乗り、焼き物や煮付けなどにしてもよし。夏場過ぎはとりわけ味が良いことから高値で取引され、効率良く水揚げできれば一航海あたりの利益も大きなものになる。

以東底引き網で獲れる魚は他にも、アンコウ、ササガレイなどの高級魚やタイ、ヒラメ、アジ、サバ、アナゴ、イカなどさまざまな種類がある。何でもまんべんなく獲れるのが他の漁業にはない特徴で、少し海域を変えるだけで獲れる魚の種類も変わる。一週間の航海を終えて帰港した漁港市場には、そうやって獲ってきた魚が一〇〇〇～二〇〇〇箱も並べられる。船底から次次と運び出されていくトロ箱が魚種ごとに積み上げられ、市場を埋め尽くしていく光景は壮観だ。では、この魚は誰がどうやって獲っているのか、水産都市の生命線を担っている漁業生産の現場とはいったいどのようなものなのか、ぜひ同行取材させてほしいと野本水産さんにお願いしたところ、快く引き受けて頂いた。

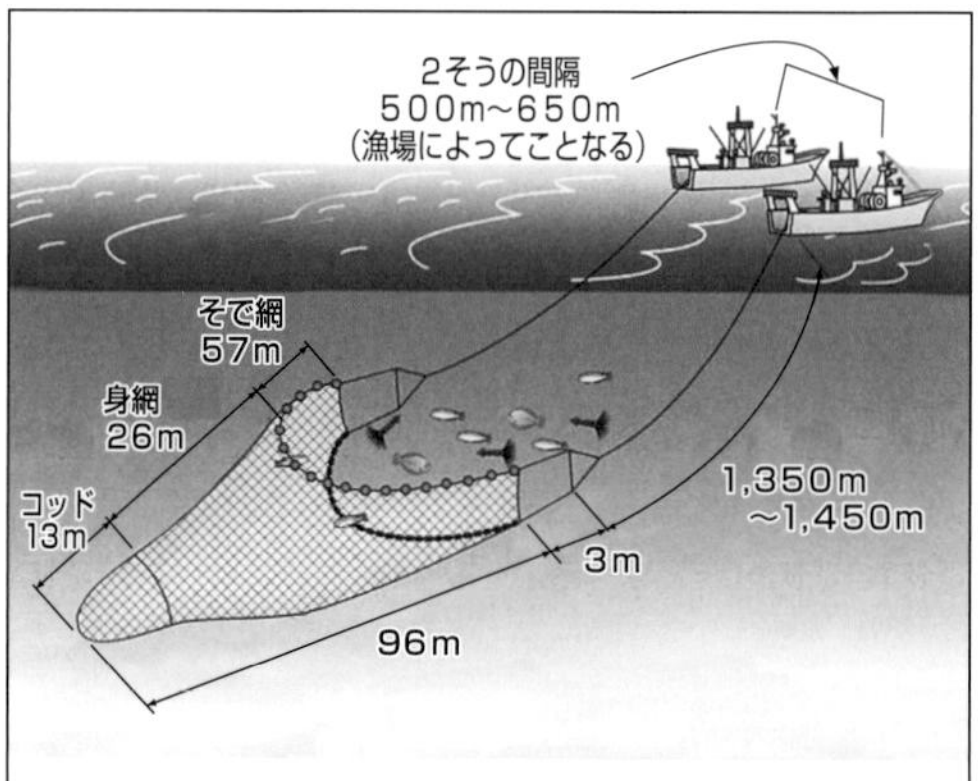

沖合底引き網漁業（二艘引き）

　乗船したのは第一五福寿丸。船の大きさは約七五トン。以東底引き船団は「二艘《そう》引き」という漁法で、福寿丸の場合は第一五、一六福寿丸の二艘が常に行動を共にし、協力して漁をおこなっている。網には二本のロープが付いており、二艘の船が一本ずつ互いにロープを引きながら一つの網を引く漁法だ。船で引く網はワイヤーが八〇〇メートル、ロープ五五〇メートル、網が七〇メートルで、全体の長さは実に一四二〇メートルにもなる。

　乗組員は一艘に約一〇人。二艘合わせて約二〇人だ。一〇代の頃から福寿丸一筋で三〇～四〇年乗っているベテランが四、五人。四〇年以上乗っている超ベテランの人もいた。以前は長崎県の以西《いせい》底引き漁船の乗組員だった人も多く乗っている。下関に家庭を持つ人、長崎など県外に家族を残して下関に働きに来ている人など、事情はさまざまだ。また、日本人乗組員の他にも一八～二一歳のインドネシア人実習生が一艘に二人ずつ、計四人乗っている。世代をこえ、国籍をこえた一〇人×二隻がチームとなって海に繰り出していく。

　休みは五月の後半から八月のお盆までの禁漁期間の三カ月間。盆明けからは毎月一回「勘定《かんじょう》休み」があり、だいたい月末に三～四日間休みとなる船団が多い。下関漁港から漁場へ向かい、漁をして帰るのに四～五日間かかる。魚を獲り市場へ水揚げに帰ってくるのがだいたい夕方から夜九時頃の間で、荷役が終わればその日の夜中に再び出港して漁場へ向かう。このサイクルが八月のお盆過ぎの漁解禁日から翌年五月までの約九カ月間続く。乗組員はその間、ほとんど船に乗りっぱなしだ。

　一〇月末の出漁当日、この日は勘定休み明けで午後三時の出港となった。漁港でまず、約一週間の航海に備えて氷や水、食料などを積み込む。燃料は毎回漁を終え、帰港してすぐに積み込んでいるようだ。氷を船底に積み込む作業が終わると、いよいよ出港だ。漁船二隻が連なり、彦島大橋をくぐって響灘《ひびきなだ》へ乗りだすと、ここから九時間かけて対馬北側の漁場を目指す。

　この日の海は穏やかで「これ以下はない」と船員の一人が教えてくれた。ただ湾内とは違い、外海に出れば揺れもきつくなる。スピードを出すとさらに船体は揺れる。素人が立っているのもやっとの思いでいたなか、周囲は淡々と網の片付けやロープの準備を続けている。「こんななかで、どうして立っていられるのだろうか…」と驚きながら、船にしがみついているしかなかった。

　出港して一時間ほどで片付けや準備を終えると、早めの夕食をとって腹ごしらえをする。夕食を終えると、みな漁場に着くまでの八時間は貴重な睡眠時間だ。漁が始まれば約一週間、朝も夜も関係なく、網を入れては上げての繰り返しで長時間まとまって眠ることは難しくなる。船の上での睡眠時間の確保は、船員にとって非常に貴重なものなのだと教えてもらった。

　そうこうして揺れながら夜中に漁場に到着した。いよいよ漁がはじまる。片方の船が網を入れ、その網を二艘の船で引く。二時間たてば網を上げ、続いてもう片方の船が網を入れ、また二艘で二時間網を引く。この作業を

何度も繰り返しおこなう。二艘で一緒に漁をおこなうことによって、効率よく常に海中で網を引くことができる。これが「二艘引き」の最大の利点のようだ。

この漁法では互いの船や船員同士の連携が要になる。網を引いて魚を獲る間、船では互いに一本ずつロープを引いているが、片方の船へ引き揚げる時には一艘の船が二本ともののロープを使って巻き上げ、魚を回収しなければならない。そのため、二時間引き終われば、網を上げない方の船がこれまで引いてきたロープを船から外し、網を揚げる船にロープの先を投げ入れる。この作業が「二艘引き」の特徴で、海上で船を巧みに操り、近づけたり離したりしながらおこなう。

網入れは両方の船の船員が漁労長《ぎょろうちょう》の指示のもとで息を合わせて手早くロープの受け渡しをおこなう。漁労長が操舵室から甲板の作業の進み具合を見て、準備が整えばマイクを通して合図を送る。船尾に吊るしてある網の先端を海へ落とせば、甲板を走る鎖のガラガラという大きな音とともに、長い網がするすると海へと滑り込んでいく。適当に積み上げられているように見えて、実はきれいに順序よく折りたたまれ、重ねてあるため、網は絡まることなく海へと投入される。この作業が終わると船員たちは船員室に戻り、また二時間後に網を上げるまで睡眠だ。

二時間後、船員室にベルが鳴り響いた。みながいっせいに寝室から起き出して甲板にあらわれ、今度は網の巻き上げ作業が始まる。ヘルメットを被り、ライフジャケットを着て、慌ただしく網の回収準備をおこなう。魚の選別をおこなうために船底の氷をケースに詰めて引き上げたり、選別用のトロ箱を甲板上の作業台の上に隙間無く並べていく。隣の船からロープの端がこちらの船へと投げ入れられ、それをウィンチ（ロープを巻いて網を引き上げる装置）に装着すれば、いよいよ網を上げる作業が始まる。

甲板上では船員が手を後ろに組み、網が上がってくる船尾の方向を向いて直立不動でスタンバイする。船全体の空気が引き締まり、緊迫感が一段と高まる。ロープとワイヤーを巻き上げていたウィンチの回転音が止まると、そこからは手動で網を引き上げていく。手動といっても網にワイヤーを取り付け、船の両サイドにある回転する装置にワイヤーを巻き付けて機械の力で巻き上げる。両サイドで巻くタイミングがずれてしまえば網がよじれてしまうという。この作業をおこなうのがベテラン乗組員の藤崎さんと塩川さんの二人だった。お互い合図もしないのに巻き上げるタイミングがピッタリと合っている。

網に引っかけたワイヤーを手元まで引き寄せると、ワイヤーの先にあるフックを網から外して、再び船尾の網に引っかけてワイヤーを引っ張る。これを何度も何度も繰り返して船の上へと引き上げていく。ワイヤーの付け替えを任されているのがインドネシア出身の実習生、ヌルさんとリンガさんの二人だ。揺れる甲板の上を太くて重いワイヤーを手に持ち、何度も走って船尾と巻き上げ装置の間を往復する。

　網を船の上にすべて引き上げると、クレーンで網を吊り、揺すって魚を網の底の袋になっている部分へと落として集める。すべて集まればクレーンで吊り上げて、船尾から甲板の中央付近にあるスペースへ移動させ、そこで網の底を開いて魚を一気に網から出す。大量の魚が塊のようになって振るい落とされ、山のように甲板上に積み上がった。

　その後は、水揚げした魚の選別作業が始まった。この選別作業が以東底引き漁船の作業のなかでもっとも大変な作業なのだという。甲板上に魚が山積みになった区画に入り、プラスチックのケースですくって魚をトロ箱に移していく。網に入るのは魚だけではなく、絡まった網や大きなプラスチックのケースやビニール袋など、大量のゴミもまざっている。また、一メートル以上もあろうかというサメやエイも一緒に入る。これらをまずとりのぞき、魚の山の中へ足を踏み入れながら、ヌルさんとリンガさんが何度も何度も魚をトロ箱の中へと掻《か》き出していく。トロ箱へ移した魚は、作業台の上に敷き詰められた別のトロ箱の中へ手で一匹ずつ選別していく。魚の種類だけではなく、サイズも大まかに分ける。この作業を船員みなで協力しておこなう。

　厚手のゴム手袋をはめてトロ箱の中へ手を突っ込み、市場へ出荷する対象となる魚だけを探し出して、下に敷き詰めたトロ箱へと分けていく。選別してトロ箱がいっぱいになれば空き箱と入れ替え、甲板上に積み上げていく。市場へ持って帰っても一箱五〇〇〇円以下でしか売れないものは、箱代や口銭と差し引きするともうけにならず「獲っても意味が無い」ということで選別の対象にはならない。

　よく獲れる魚のなかでも、とりわけ手間がかかるのがアンコウだ。忘年会のシーズンには一箱の値段はノドグロよりも高くなることがあり、ある年には最高額が一箱七万円にもなったという。これから冬の時期になればさらに身が締まり、品質が良くなる。大きなアンコウならそのまま選別して箱に入れて市場へ出すのだが、小さなアンコウはそのまま出してもなかなか買い手が付かない。そのため、船の上で一匹ずつ捌いてむき身にしなければならない。

　アンコウを捌く担当者は藤崎さんと山外さ

山田屋

んだ。トロ箱を裏返してまな板代わりにすると、山のように積み上がった小アンコウの箱から一匹ずつ取り出して延々と包丁で捌いていった。使う身は尻尾の方の身だけ。アンコウの身と頭の境目に包丁を入れ、尻尾に向かって皮と身の間に包丁を滑らせる。頭と身の間に切れ目を入れて、身を掴んで引っ張ると、ツルッと皮がむける。一匹を処理するのに要する時間はわずか五秒ほどの早業だった。

　ある日の漁では、対馬の北側から南側へ漁場を変えてタイを狙った。網を開けると大きなタイが次々に魚の山から出てくる。他にも五、六〇センチほどの見たこともないような大きなサバやアジも多く入っていた。魚の山からタイだけをより分け、それをベテラン漁師の猿渡さんが手際よくエラの間に手鉤《てかぎ》を入れて即殺し、氷水に浸けて血抜きをおこなっていた。すぐに血を抜くことで鮮度を保ち、生臭さを軽減させるのだ。忙しい魚の選別作業のさなか、こういった魚の品質管理も怠らずに徹底しておこなっていた。

　大まかな選別が終わると、数やサイズが揃った魚から氷の敷き詰められた発泡スチロールに並べていく。市場に出荷するときのために「ムツ19」というように魚の種類と数を箱の側面に一箱ずつ記入する。また、アナゴなど魚の種類によっては発泡スチロールを使わず、トロ箱に入れて出荷するものもある。魚の量が多いときはトロ箱に木枠を重ね、箱の深さをかさ増しして収納するなど、細かい工夫も施されていた。

　選別台下の船底には氷が敷き詰められている。獲った魚はすべてここで冷蔵保存して市場へ持ち帰る。カギの付いたロープを魚の入ったトロ箱に引っかけ、上から吊るしながら船底へ降ろす。発泡スチロールは手渡しで降ろしていき、下で待ち構える数人の船員が箱を受け取り、トロ箱を収納していく。

サイズや数が揃わず出荷用の発泡スチロールに納められないものも、そのままトロ箱に入れて船底へ収納しておき、次の網を上げて魚の選別をおこなうたびに出したり戻したりを繰り返しながら、数とサイズが揃えば順次発泡スチロールへと納めていく。

今回の航海では狙っていたノドグロは余り入らず、全体的な水揚げ量もそれほど多くなかったようだ。この日は同じ海域で下関の以東底引き船団が四組操業していた。同じ場所で何度も何度も網を引けば、獲れる魚も少なくなる。ただ、「少ない」といわれる今回の漁でも、水揚げ開始の合図のベルが鳴ってからすべて船底に入れ終わるまでに二時間ほどかかった。八月の禁漁期間明けの漁ではさらに大量の魚が獲れるため、選別作業も過酷なものになるそうだ。しかし魚が獲れた分、船員の給料も上がる仕組みだ。網を海へ入れ、二時間の睡眠をとって網を上げ、選別し、ロープの受け渡しをして再び網を入れ……。同じ作業が船の上で繰り返される。〝一日の終わり〟を感じるタイミングなどない。

海の上での生活はどんなものなのか。船員室の寝室は一人一人分かれている。船底へ続く階段を下りたところが船員室で、カプセルホテルのような作りになっている。寝るスペースはだいたい畳一畳弱だ。枕元にはすべて照明が付いており、電源も引いてある。甲板での作業が終われば、みなすぐに寝室に入る。話し声はほとんどなくシーンとしており、静寂のなかで船底から波しぶきの音だけが聞こえてくる。ベルの音で飛び起き、甲板に出て作業が終わると、寝室にまた戻って横になり、次の作業に備えて睡眠をとって休養する。

過酷な船の上での仕事は体力勝負だ。腹ごしらえも睡眠と同じように重要になってくる。食事の

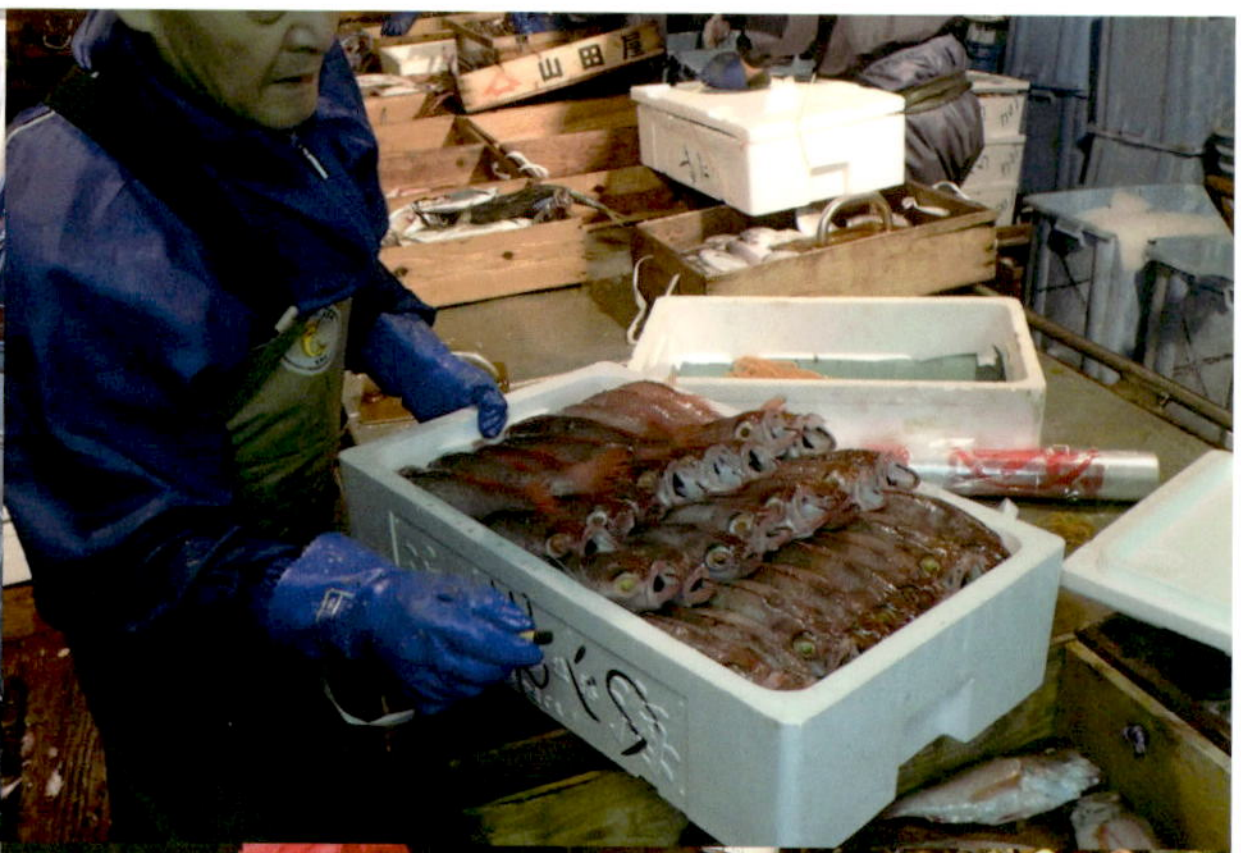

山田屋

山田屋

時間は船員たちの数少ない団らんの時間となり、その日の漁の話やテレビの話題、パチンコ、ボートレースなど陸での過ごし方へと会話が広がる。船で食べる食事はどれも美味しく、なかなか食べられない新鮮な魚が食卓を賑わす。その日の漁で獲れた魚の中から船員やコックが選んでメニューを決める。もちろん毎日魚というわけではなく、野菜や麺類、肉なども積み込んでいる。

船には本来、専属のコックがついている。だが現在は休んでいるため、代わりに過去に厨房経験のある坂本さんが船の仕事もしながら腕をふるっていた。コックが抜け、「誰がやるか」となったとき、みなが「できない」と反応した。そこで白羽の矢が立ったのが坂本さんだった。福寿丸の船員になる前に長崎の以西底引き船に乗っており、船に乗り始めた新人一年目に厨房を任されていたときの技術を活かして、今回コック役を引き受けたのだという。

食堂は五、六畳ほどの部屋で、床に机と長椅子が据え付けてある。テレビもある。鍋物は食堂のコンロの上に、その他のおかずは大きな皿に入れて食堂の机の上に置いてある。台所のガスコンロも普通とは違い、コンロの周りに円状のガイドが備え付けてあるため、船が揺れても鍋がひっくり返る心配はない。全員が座れるスペースはなく、甲板に出て選別台に座って食べたり、積み上げられたトロ箱の上に食器を置き、立って食べる人などさまざまだ。船の上ではすべてセルフサービス。おかずの量は毎回みなが好きなだけとっても余るほどの量がある。年配の漁師も三食といわず、みな一日に四、五食は食べるため、多めに作っておいて、いつでも食べられるようにしてある。夜中の網揚げや選別作業の後には段ボールにカップ麺が用意されており、みなが寝る前に夜食を食べるのもお決まりだった。

初日の朝食メニューは野菜炒めにアンコウとアラカブの味噌汁。アンコウとアラカブは

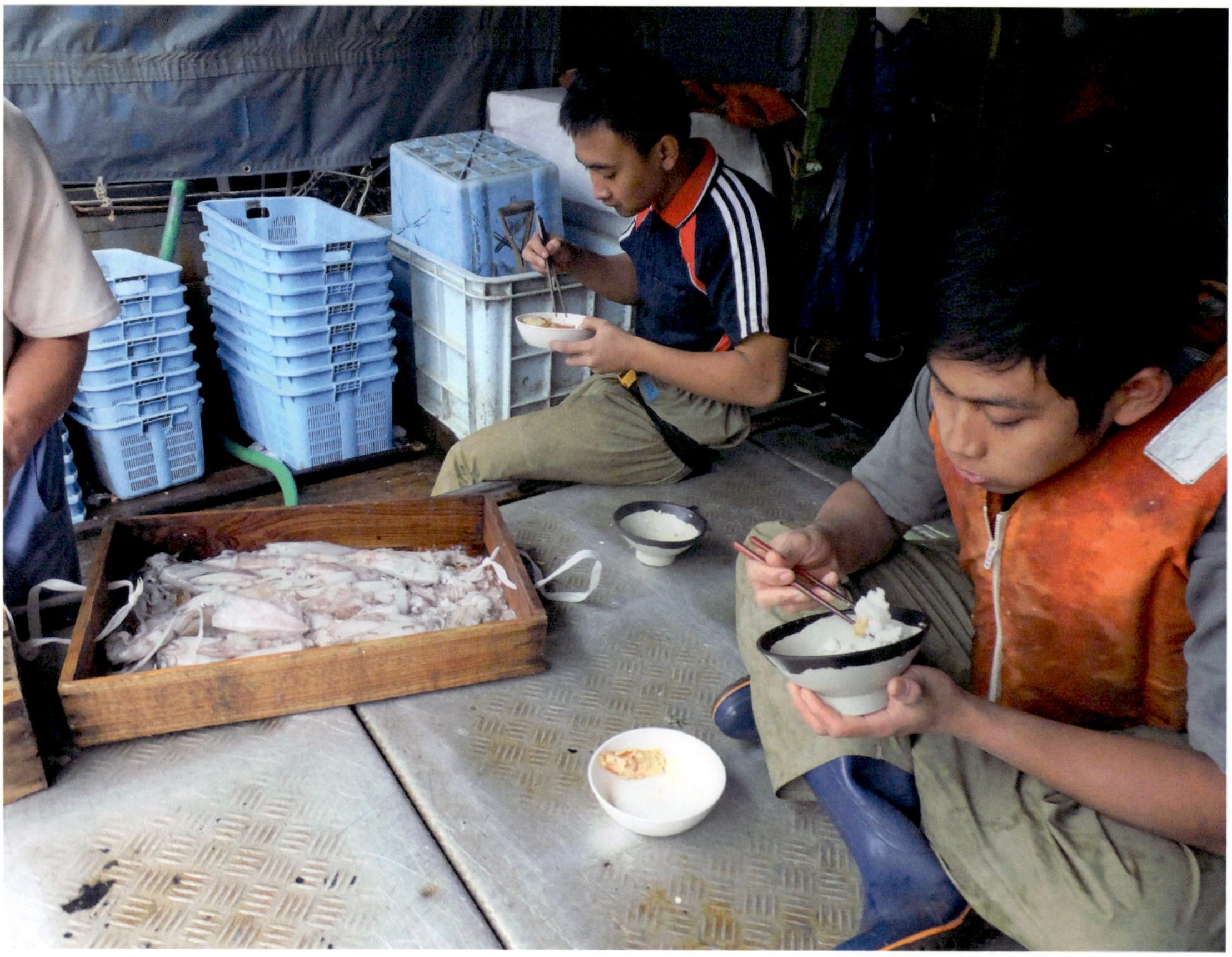

朝の網で獲れたばかりの新鮮なものだ。ダシが効いて美味しいだけでなく、豪快にぶつ切りにされた魚の身もたくさん入っていた。別の日の昼食はノドグロとサバの刺身とおでんだった。この日はコックの坂本さんが「めったに食べられないだろうから」と特別にノドグロの刺身を別の皿に盛って食べさせてくれた。ノドグロは高級魚だが、網で獲れたものの中には市場には出せない傷物も含まれるため、船での食事に使うこともあるという。サバの刺身も陸ではめったに食べることはできない。

　別の日はイカ三昧だった。昼の水揚げが終わると、坂本さんが甲板でトロ箱いっぱいのイカを捌いていた。底引きで獲れたアカイカだ。市場ではだいたい釣りモノのイカが高値で取引される。網の中で、他の魚と混ざりあって身が擦れているものよりも、ダメージが少なく活きが良いからだ。底引きで獲れる弱ったイカは余り値が付かない。しかし、坂本さん曰く、「魚の美味さを知っている人は、〝底引きのイカが美味い〟という。釣りのイカは活きが良いからコリコリして硬いが、底引き網のイカは網の中で揉まれて身が柔らかくなり味も出る」のだと教えてくれた。海の男たちだけが知る美味しいイカがそこにあった。晩のテーブルには大盛りのイカの刺身に湯引き、煮付け、さらにサバの刺身が並んだ。

　新鮮な魚も美味しかったが、家庭的な料理でもとにかく美味い。「船で食べるのはまた格別だろ」と坂本さんは笑っていた。同じ机で食べていたベテランの猿渡さんも「船のメシは美味かろう」と笑っていた。過酷な労働現場で力仕事をすれば、もっと美味しく感じるのだろうか。夜食のカップラーメンまでが格別に思えるから不思議だ。

　船には、実習生として二人のインドネシア人の若者が乗っていた。三年目の二一歳ヌル

さんと一年目の一八歳リンガさん。とにかく二人ともよく動き、機敏で力も強く、時には厳しく叱られながらも大事な仕事を多く任されていた。二人とも仲が良く、いつも食事のときは甲板の作業台の上にあぐらをかいて並んで食べていた。

船の上で任されている仕事のなかにはきつい作業も多い。魚の選別をするときに網から出した魚の山へ入り、何度も腰をかがめながら大きなプラスチックのケースで魚をすくってトロ箱へ移す作業はとくに体力を使う。これも若い彼らの仕事だった。そのなかで先輩漁師がおこなう選別作業のサポートも怠ることはできない。機転を利かせて素早く動く。力仕事を何日も繰り返すのは体力のある若者にしかできないことで、船の上では若手船員の力が必要不可欠だ。担い手不足が著しい以東底引き網漁業にとって、若い彼らの力は貴重な存在となっている。

力仕事とは逆に、魚の選別作業や発泡スチロールに詰めていく細かい技術や目利きが必要となる作業は、ベテラン漁師たちの方が熟練した技を駆使して格段に早い。アナゴを木箱に並べる際にも、「一匹ずつではなく数匹掴んでまとめて木箱の中でならすように並べろ」と指示が飛んでいた。アンコウのサイズが小さいから「これはむき身用の箱に移せ」や、数が揃わず箱詰めできないものについて「一緒にまとめておけ」などなど、先輩から事細かく指示が飛ぶなか、インドネシア人実習生の二人も必死に全体の作業ペースに食らいついていた。

三年目のヌルさんはみなで魚の箱詰めをしている最中、目の前で作業する猿渡さんが発泡スチロールに詰め終え、仕上げに野本水産の印の付いたナイロンのシートをかぶせると、すかさず自分の作業の手を止め、背後の氷の入ったケースからシャベルで氷を取り、箱のナイロンの上にサラッとかけて仕上げをおこなっていた。毎回の漁の選別作業で、ほとんど欠かすことなく徹底してやっていた。他にも、手が空けば一番大変なアンコウの捌きに回ったりと、甲板の上を動き回り、機転を利かせていた姿が印象的だった。

ある日の漁で選別が終わったときのこと、猿渡さんがヌルさんに「〇〇の半端があったやろうが？」と聞いた。数が揃わず木のトロ箱に入れて保管していた魚が、このときの網上げで数が揃い、発泡スチロールに詰めることができるときだった。ヌルさんは船底から出して積み上げられた箱の山から、すぐさまその魚の入った箱を見つけ出して持ってきた。一人でも集中力を欠いていたり、何がどの箱に入っているかをわかっていなければ、たちまち連携がとれずに作業は滞ってしま

う。

夜中にベルの音で飛び起き、甲板で隣の船からロープが投げ入れられるのを待っているあいだ、ヌルさんとリンガさんの二人ともさすがに眠そうにしていたが、ウトウトしながらベテラン漁師の内田さんと笑って会話していた。乗組員はみな、仕事中は若い二人に対して厳しいが、それ以外のときは温かい。作業中の緊張感とそれ以外のときのオンとオフははっきりしている。「言葉もわからないところに家族と離れて来て、船の上では厳しいこともいわれる。自分の身に置き換えると、彼らがどれだけ苦労しているか想像もつかないが、二人ともよくやっている」と三〇年以上福寿丸に乗る猿渡さんは感心して話していた。「本当によく頑張っているんだ」と他の先輩船員たちも信頼を寄せていた。

三年目のヌルさんは、年を越して六月には実習が終了する。それから先のことは「あまり考えてない」といっていたが、最後に「もうこの船に乗ることはできない」と少し寂しそうに口にしていた。

船の上ではそれぞれの船員が自分の役割を持っており、淡々と仕事をこなしていく。自分の目の前に集中しているだけではなかった。隣の船員の箱が空けば、すかさず選別するための箱を置き、選別して溢れたトロ箱があれば、率先してよそへかわして新しい空き箱を用意したりと、周囲のサポートは自分の作業をおいてでも惜しまずにやる。仕事全体がスムーズに運ぶように、みなが意識して動いていた。

またある日の漁での選別作業中、こんな光景があった。少し作業の手が空いた山外さんが食堂前の天井裏にしまっていた自分のタバコを二本手に取り、自分が吸う一本に火をつけた。タバコの箱を元の場所へしまい、作業に戻ってくると作業の手が離せない宮川さんの口へもう一本のタバコを咥《くわ》えさせ、自分のタバコの火で相手のタバコに火をつけていた。タバコをもらった宮川さんも、別の日に自分がタバコを取りに行ったときは同じように山外さんにお返ししていた。助けあい、気

を配りあう仲間あっての職場なのだと思わされた一コマだった。

ある日の漁でのこと。引き揚げた網が大きく裂けていた。海底を引いてゴミが入ったり、暗礁に引っかかったりするためだ。魚をとり出すと、船尾に積み重なった網の山の中から破れた箇所を探し出し、藤崎さんと内田さんが早速修理にとりかかった。クレーンで吊っているときに見つけた破れた箇所は、一度見れば網が置かれた状態でもどのあたりかわかるという。船尾には網の修理道具が備えてある。破れた箇所に当てる新しい網を探し出し、素早く縫《ぬ》い付けていた。

漁で使う網は漁網会社がつくるが、組み立てはすべて自分たちの手作業でおこなう。漁期が終わって少し経った六月頃、下関漁港には以東底引きの船員たちが集まり、二週間ほどかけて次のシーズンに使う網や予備のパーツをつくる。乗組員みなでつくっているからこそ網の構造も把握でき、いざというときのトラブルにも対応できるようだ。

最終日は大時化《しけ》だった。寝室がある船底は甲板よりも揺れは少ないはずだった。しかし、横になっている体がブランコに乗っているときのように一瞬宙に浮いたかと思えば、一気に船底へ強く押しつけられる。甲板に出るとさらに揺れを感じる。代行して漁労長を担っていた白石さん曰く、波は三メートルだ。「わしらでも良い気分はしない」といいながら笑っていた。船は前後左右に大きく揺さぶられ、船が傾けば、船尾からは白く波立った海面があらわれ、水平線がありえない位置まで高く上がってくる。次の瞬間には目の前の海面が一瞬にして空と入れ替わる。甲板の両側は壁になっており、作業場の上はシートを張って屋根があるため海は見えないが、時折波しぶきが甲板にまで降りかかってくる。そんな状況でも船員は船尾ぎりぎりの場所で海から引き揚げた網の手入れや整理を淡々とおこなっている。魚の選別やアンコウを捌く作業も、足を踏ん張り、選別台に体を押しつけて続けていた。

漁船には「漁労長」がいる。一週間の漁をどこでおこなうか、何を狙うのか、いつ網を揚げるのか等々、すべてを指揮する監督のような存在だ。水揚げの命運はすべて漁労長の腕にかかっているといっても過言ではない。漁の最中、漁労長は網が揚がるとしばらく

帰港する途中に見た夕日を浴びる沖ノ島（福岡県宗像市）。
「神宿る島」と呼ばれ2017年に世界遺産に登録された。

して魚を見に甲板へ降りて来る。揚がった魚のなかで、どの魚がどれくらい活きが良いかを見るのも重要なポイントになるのだという。弱っている魚が多ければ、網を入れた初めのころに入った魚ということになるし、活きが良ければ網を揚げる直前に入ったと判断できる。これまで網を引いてきた場所をたどれば、だいたいどのあたりで獲れたかが推測できるのだという。

例えばノドグロについても「狙って獲るのは至難の業」といわれるものの、それをやるのが「福寿の村上漁労長」なのだと仲買や業界関係者からは聞いていた。以前漁労長に話を聞いたときに「魚群探知機もあるが、だいたいは勘」と話していたが、果たして「勘」だけで長年水揚げトップの座を守ることができるのだろうかと不思議だった。経験や記憶の積み重ねに裏付けされたものがあってこその「勘」であって、誰もが成り代わることなどできない腕だ。船の上では「親父」と呼ばれている村上漁労長を頂点にして、集団的かつ組織的に水揚げしているのだった。船員たちが食事の時間以外に会話を交わすことはあまりない。だが、みな同じ仕事をしながら互いに協力しあい、結束力が強く、チームとして機能していることが強く印象に残った。

今回の航海は、出航前に修理していた箇所

2017年８月、以東底引き網船団が初入港し、下関漁港市場で最初の競り

船団が水揚げしたたくさんの魚が市場に並んだ

漁の解禁にあわせ、毎年8月15日には下関漁港で出港式がおこなわれ、大勢の人々が船団の出港を見送る

の調子が悪くなったため、会社と連絡をとって急遽《きゅうきょ》下関へ帰ることになった。本来ならもう少し長く漁をするが、突然の故障で切り上げて帰るケースが他の漁船でも年々増えているという。船体の老朽化は如何ともし難い問題だ。帰港が決まると甲板をデッキブラシで磨き、使った道具もきれいに洗い、片付けを終えて下関漁港へ進路をとった。約九時間かけて帰り、今度は市場への出荷が待っている。

食事をとると、みなが睡眠をとった。漁場と下関を行き来する間だけが長時間睡眠できる貴重な時間だ。とはいえ、みんなが寝ているわけではない。船の操縦も交代しておこなう。操舵室にはたくさんのパネルに数字や線が映っている。車のカーナビのようなもので、これまで航行した跡が線になって映し出されている。これを見ながら同じ進路をたどれば、下関まで帰り着くことができる。

ノドグロの塩焼き

夜七時半ごろになると、福岡県や下関の山陰側の街の灯りがはっきりと見えるようになった。下関漁港へ到着したのが夜九時。市場の岸壁に並列して二艘の船が接岸する。次の航海に備えて食料や燃料を積み込み終わると、一緒に漁をおこなってきた隣の船からもぞろぞろと乗組員がこちらの船へ乗り移って岸へ上がっていく。隣の船の何人かの船員が「大丈夫やったか」「もう一航海行くか！」と気さくに声をかけてくれた。故障箇所の修理もうまくいったようで、市場への荷降ろしが終わるとすぐに出港することが決まった。

一〇時半から市場への荷役が始まるが、それまで船員たちは自由時間だ。船内での自分の飲料水や食料などを買い出しに行く人や、一度家へ帰る人、船で一杯飲む人など過ごし方はさまざまだ。陸でゆっくり過ごせるのはこの時間だけ。市場への出荷を終えれば、またすぐに氷を積んで一週間の漁へと繰り出していく。

荷役の時間になると、乗組員みなが船に戻ってきた。最初に市場側から船の中へベルトコンベヤーのついたレールを渡す。並んだ二隻の船底から、次次に魚の入った箱を甲板へ引き上げている。船底に数人が入り、中で箱を五、六段重ねて縄をかけ、クレーンで甲板へ引き上げていく。

その箱をベルトコンベヤーで市場の中へ流していく。いくつか見覚えのある魚と箱に書かれた文字があった。市場に並べられた魚を仲買人たちがじっくり品定めしているのを見ると、寝食をともにさせてもらった福寿丸のみなさんが獲ってきた魚なのだと誇らしい気持ちになった。

漁を途中で切り上げたため、荷役も短時間で終わった。船は市場から離れ、少し移動して漁港の端にある製氷所で氷を積み、またすぐに沖へ出る。氷を積む間も乗組員は波や風よけのシートを準備したりと、忙しそうに漁の準備をおこなっていた。対馬沖から下関港へ帰ってきて、再び出航するまでの滞在時間はおよそ三時間ほどだった。夜一二時、氷を積み終わってしばらくすると、漁労長がマイクで合図した。エンジン音が強くなり、二艘の漁船は二〇人の乗組員を乗せて、また遠く離れた海へと繰り出していった。

あとがき

近年、一躍高級魚の仲間入りをはたしたノドグロ（アカムツ）は、大きいものになると一匹三〇〇〇円以上で取引されることもざらで、高級料亭で提供されるもののなかには一万円を超えるものもあります。その名の通り、喉が黒いことからノドグロと名付けられたこの魚は、白身でありながら旨味のつまった脂がしっかりとのり、皮を炙って刺身にするもよし、塩焼きにするもよし、煮付けにするもよし。食通たちを虜にする、魅力ある魚として注目を浴びています。

しかし、下関漁港がその水揚げ日本一を誇っており、首都圏をはじめとした全国の消費市場へと届けている事実は、地元でも水産関係者以外には余り知られていません。高級魚になると殆どが上送り（首都圏への出荷）になるために、郷土の食文化として根付いているとは言い難く、また高嶺の花ということもあり、馴染みの薄い魚になってしまっているのが現状です。このなかでノドグロに限らず、水産都市として産地に根ざした形でとりわけ地元消費者に下関の魚の魅力を発信する方法はないものかと思い、同時にその魚は誰が獲ってくるのか密着してみようと取材をはじめました。水産業を支える人々の姿を捉え、それを消費者に伝えたいというのが動機でした。

最前線で働いている海の男たちの奮闘に光を当てようと、まず記者が挑んだのが以東底引き船団・福寿丸の乗船取材『福寿丸に乗って』でした。かつては以西底引き船団の母港として賑わった下関漁港ですが、二〇〇海里問題やオイルショック、魚価の低迷や減船事業の影響を受けて、一九七〇年代後半には以西漁場（東シナ海、黄海）からの撤退が進み、その衰退は著しいものがあります。このなかで、残された以東底引き船団七組一四隻が下関漁港市場の水揚げを主力となって支えています。ノドグロが人気で美味しいというだけでなく、過酷な海の上で生産者はどのようにして働いているのか、日頃は触れることのない世界に飛び込み、仕事の実像に迫ってみました。

『春を告げる魚を追って』では、近年唐戸市場でも高値で取引されるようになった角島の鰆（サワラ）漁に密着し、沿岸漁業を営む生産者の絶え間ない努力や品質管理の工夫に密着してみました。魚を釣るために刻々と変化する自然界に働きかけ、失敗を糧にしながら試行錯誤によって正解を導き出していく様は、挑戦なきものに成功などないという一見すると当たり前に見えて、しかし誰にとっても必要不可欠な努力の過程の大切さを思わされるものでした。さらに、魚価を高めるために魚の特質を研究し、その魚体処理を浜で統一しながら信頼を勝ち得ていったことなど、協同組合の強みについても垣間見ることができました。

私たちが日頃から食している魚は、そのような生産者の営みによって市場へ水揚げされ、卸や仲買など流通を担う人々の手によって消費者のもとへ届けられています。ただ、前述したように流通が都市部一極集中型となり、地元消費型から変化を遂げているのも現実です。そのことが生産者と消費者との距離を遠くしているのかも知れません。改めて美味しい魚を産地のみなで楽しむ工夫を施したり、水産業のいまを見つめることが水産都市の創生にとって欠かせないことではないでしょうか。一方で漁業の斜陽化が著しいのも事実ですが、流行廃りで魚食文化がなくなるわけではありません。海の幸をもたらす生産者こそが大切にされなければならないと思うものです。

最後になりますが、福寿丸の乗船取材に協力して頂いた野本水産の野本光孝社長はじめ、航海中に記者がお世話になった乗組員の皆様、下関漁港市場の関係者の皆様、さらに角島・鰆漁の取材に協力して頂いた村上光宏・恵三様とそのご家族、角島漁業協同組合の皆様、度重なる依頼に応じて頂き、表紙・中扉の題字を揮毫して頂いた書家の米本秀石様に感謝申し上げます。

二〇一七年一一月

長周新聞社

海に生きる　本州最西端・下関の漁業密着ルポ

2017年12月1日　初版第1刷発行

文章　鈴木　彰
写真　鈴木　彰
書　米本秀石

発行者　森谷建大
発行所　長周新聞社
〒750-0008　山口県下関市田中町10-2
tel 083-222-9377　fax 083-222-9399
印刷・製本　（株）吉村印刷

定価はカバーに表示してあります。
落丁本、乱丁本は送料当社負担でお取り替えいたします。
Printed in Japan ISBN978-4-9909603-3-9